Nitish Kumar

Planeamento de uma cidade satélite

Nitish Kumar

Planeamento de uma cidade satélite

ScienciaScripts

This book is a translation from the original published under ISBN 978-620-2-04997-9.

Publisher:
Sciencia Scripts
is a trademark of
Dodo Books Indian Ocean Ltd. and OmniScriptum S.R.L publishing group

120 High Road, East Finchley, London, N2 9ED, United Kingdom
Str. Armeneasca 28/1, office 1, Chisinau MD-2012, Republic of Moldova, Europe
Printed at: see last page
ISBN: 978-620-8-22151-5

Índice

Agradecimentos

Dr. Binayak Choudhury pelo apoio contínuo ao meu estudo e investigação no âmbito do Plano B., pela sua paciência, motivação, entusiasmo e imenso conhecimento. A sua orientação ajudou-me durante todo o tempo de investigação e redação desta tese. Não podia imaginar ter um melhor orientador e mentor para o meu estudo do Plano B.

Para além do meu orientador, gostaria de agradecer ao diretor Ajay Khare pelo seu apoio moral. Sheuli Mitra e ao Prof. Ashfaque Alam e ao Prof. Amit Chatterjee, coordenadores da tese, pelo seu encorajamento, comentários perspicazes e perguntas difíceis. Também quero agradecer a Pramod Dubey e Amit Kumar-Bansal pelo apoio no software GIS.

Gostaria também de agradecer aos participantes no meu inquérito, que partilharam de bom grado o seu precioso tempo durante o processo de entrevista. Gostaria de agradecer aos meus entes queridos, que me apoiaram durante todo o processo, mantendo-me harmoniosa e ajudando-me a juntar as peças. Ficarei eternamente grata pelo vosso amor. Estou em dívida para com a minha mãe e o meu pai, que têm sido o meu pilar de força, empurrando-me constantemente para alcançar maiores alturas. Por último, mas não menos importante, estaria a cometer um erro se não aproveitasse a oportunidade para expressar o meu sincero apreço por todos os meus amigos, especialmente Johnson, Shashank, Nitin, Monika, Garima, Deepank e Shailendra, que me apoiaram ao longo de todo o meu estudo.

<u>Nitish Kumar</u>

RESUMO

O tema da dissertação é "Planeamento de uma cidade satélite - Um estudo de caso de Hajipur". Este estudo propõe um plano para uma cidade satélite de Patna. O nome da cidade satélite é Hajipur. Para planear Hajipur, este estudo examinou primeiro a necessidade de uma cidade satélite para Patna. Por conseguinte, o objetivo do estudo é planear Hajipur como cidade satélite de Patna. Para atingir este objetivo, este estudo traçou alguns objectivos. Estes são (i) calcular a capacidade de carga urbana de Patna, (ii) estabelecer a interdependência entre a cidade satélite e a cidade-mãe Patna e (iii) planear a cidade satélite. Este estudo tem algumas limitações e âmbito. O estudo diz respeito apenas à área da corporação municipal de Patna. O estudo não avaliará a pertinência de outras povoações emergentes para actuarem como cidade-satélite de Patna. Uma vez que o estudo tinha de provar a necessidade de uma cidade satélite para Patna, recorreu a duas técnicas, nomeadamente: estimativa da capacidade de carga e estimativa da interdependência entre povoações. A capacidade de carga foi estimada com a ajuda do modelo "SAFE", desenvolvido pelo IIT-Guwahati, enquanto a interdependência entre povoações (isto é, Patna e Hajipur) foi determinada pelo modelo Gravity. Através do modelo "SAFE", este estudo concluiu que Patna ultrapassará a capacidade de carga em 2021. O estudo revelou também que a interdependência entre os assentamentos de Patna e Hajipur é igualmente significativa. Assim, o planeamento para Hajipur torna-se um imperativo urgente. Por conseguinte, o estudo propõe um conjunto de intervenções de planeamento para Hajipur. Antes de sugerir a intervenção principal, foram também estudados o cenário atual, os desafios futuros e o potencial inerente a Hajipur.

Capítulo: 1
Introdução

Capítulo: 1 Introdução

1.1 Visão geral

A urbanização na Índia foi causada principalmente após a independência, devido à adoção pelo país de um sistema de economia mista que deu origem ao desenvolvimento do sector privado. A urbanização está a ocorrer a um ritmo mais rápido na Índia.

A população residente em zonas urbanas na Índia, de acordo com o censo de 1901, era de 11,4%. Esta percentagem aumentou para 28,53% de acordo com o censo de 2001 e ultrapassou os 30% de acordo com o censo de 2011, situando-se em 31,16%. De acordo com um inquérito do relatório das Nações Unidas sobre o estado da população mundial de 2007, prevê-se que, até 2030, 40,76% da população do país resida em zonas urbanas. Segundo o Banco Mundial, a Índia, juntamente com a China, a Indonésia, a Nigéria e os Estados Unidos, liderará o aumento da população urbana mundial até 2050 (Datta, 2006).

O grau de urbanização na Índia é dos mais baixos do mundo. De acordo com as estimativas da ONU para o ano 2000, 47% da população total do mundo vive em áreas urbanas. A percentagem da população urbana na Ásia é de 36,7%, enquanto a da Europa, América do Sul e América do Norte é de 74,8%, 79,8% e 77,2%, respetivamente. O Censo de 2001 demonstrou que os centros urbanos da Índia continuam a crescer a um ritmo mais rápido do que as zonas rurais. Em comparação com outros estados e territórios da união, Bihar ocupa o segundo lugar no que respeita ao nível de urbanização, que é de apenas 10,5% em comparação com a média nacional de 27,8% (Anon., 2006).

Tabela: 1 Indicadores de urbanização

Nome dos Estados	Nível de urbanização	Taxa de crescimento	Pobreza urbana
Toda a Índia	27.78	2.7	23.62
Delhi	93.01	4.1	9.42
Maharashtra	42.4	2.9	26.81
Bihar	10.5	2.6	32.91

O crescimento da população e o afluxo às zonas urbanas colocaram as infra-estruturas e os serviços urbanos sob grande pressão. A pressão crescente sobre o ambiente urbano está a afetar a qualidade de vida da população urbana. O crescimento da população urbana é muito mais elevado do que a taxa de crescimento demográfico. A população urbana aumentou para 84,59 lakh no período 1991-2001, contra o crescimento decadal de 63,31 lakh registado no censo de 1991. Bihar, o terceiro maior Estado em termos de população total, ocupa a 11ª posição em termos de população urbana. Seguem-se algumas estatísticas que revelam o cenário urbano em Bihar (Anon., 2006).

1.2 Necessidade do estudo

A urbanização na Índia foi causada principalmente após a independência, devido à adoção pelo país de um sistema de economia mista que deu origem ao desenvolvimento do sector privado. A urbanização está a ocorrer a um ritmo mais rápido na Índia. Segundo o recenseamento de 1901, a população residente nas zonas urbanas da Índia era de 11,4%. Esta contagem aumentou para 28,53% de acordo com o censo de 2001 e ultrapassou os 30% de acordo com o censo de 2011, situando-se em 31,16%. Embora a urbanização crescente seja considerada um acompanhamento necessário de qualquer sociedade em desenvolvimento, é provável que Patna chegue ao beco sem saída do desenvolvimento mais cedo ou mais tarde, uma vez que o processo de urbanização do Estado tem estado a avançar a um ritmo muito inferior à média nacional.

Patna, a cidade histórica de *PATLIPUTRA*, debate-se com uma miríade de problemas:

- A cidade parece ter atingido a sua capacidade de carga

• A cidade parece ter necessidade urgente de uma cidade satélite para desviar a sua pressão

• A cidade parece ter limitações naturais para se expandir aleatoriamente

1.3 Objetivo

O objetivo do estudo é o planeamento de Hajipur como cidade satélite de Patna.

1.4 Objectivos

> - *Para calcular a capacidade de carga urbana de Patna*
> - *Estabelecer a interdependência entre a cidade satélite e a cidade-mãe Patna*
> - *Plano para a cidade satélite*

1.5 Âmbito de aplicação e limitações

O estudo diz respeito apenas à área da corporação municipal de Patna. Não avaliará a pertinência de outras povoações emergentes para funcionarem como cidades-satélite de Patna.

1.7 Metodologia

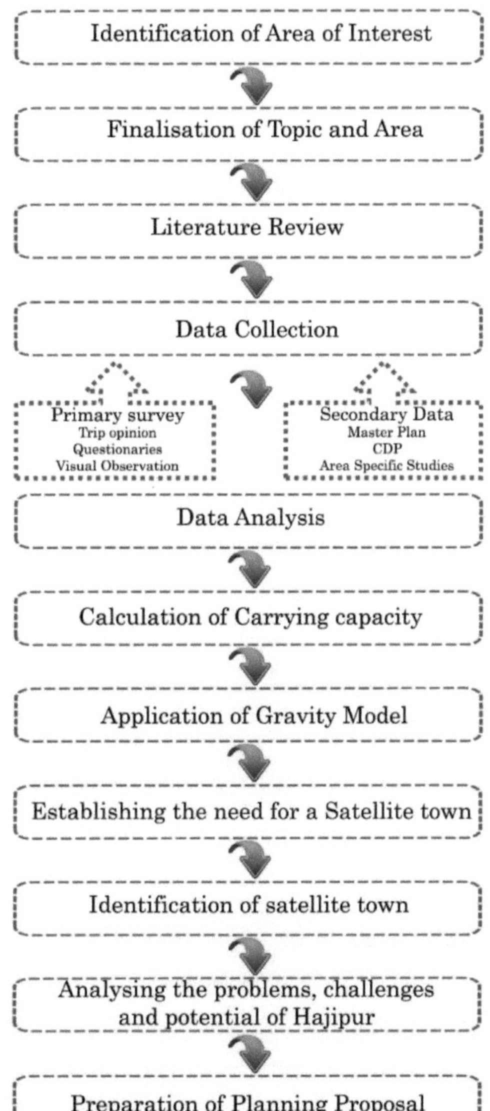

Capítulo: 2

Revisão da literatura

Capítulo: 2 Revisão da literatura

2.1 Definições

2.1.1 Capacidade de carga:

O conceito de capacidade de carga foi criado por Thomas Malthus no ano de 1798. Ele previu que a terra só pode suportar uma quantidade definida de crescimento humano durante um determinado período de tempo. Este conceito ocupa uma posição crucial na determinação da

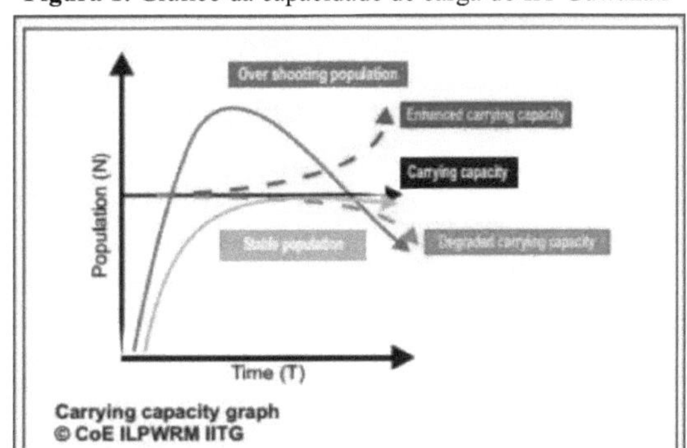

Figura 1: Gráfico da capacidade de carga do IIT Guwahati

qualidade e do estado de um ecossistema no que respeita às pressões exercidas pelas exigências da população residente. É basicamente um conceito ecológico que também engloba os parâmetros socioeconómicos. Por outras palavras, a capacidade de carga de uma área refere-se a um limite extremo. Este limite define a capacidade de carga da população da zona. Se este limite for ultrapassado, a natureza reagirá impondo pressão para resistir ao crescimento e desenvolvimento abruptos da população, resultando num equilíbrio.

2.1.2 Capacidade de carga urbana:

Uma zona é considerada "urbana" quando possui caraterísticas como uma elevada densidade populacional associada a grandes infra-estruturas. A definição provável de uma área urbana varia significativamente entre as nações. Na Índia, o Censo da Índia (1971) define as áreas urbanas como:

i. Todos os locais com uma Corporação Municipal ou Cantonamento ou Área Notificada

ii. Todos os outros locais que satisfaçam os seguintes critérios :

a. Uma população mínima de 5.000 habitantes.

b. Pelo menos 75% da população ativa masculina deve ser não agrícola.

c. A densidade populacional é de, pelo menos, 400 habitantes por quilómetro quadrado (ou seja, 1000 habitantes por milha quadrada)

A capacidade de carga urbana pode ser definida como o nível de actividades humanas, crescimento populacional, padrões e extensão da utilização dos solos, desenvolvimento físico, que podem ser suportados pelo ambiente urbano sem causar uma degradação grave e danos irreversíveis.

2.1.3 Cidade satélite:

Uma cidade-satélite ou cidade-satélite é um conceito de planeamento urbano que se refere essencialmente a áreas metropolitanas mais pequenas que estão localizadas um pouco perto, mas que são na sua maioria independentes das áreas metropolitanas maiores. Basicamente, o conceito de cidade-satélite deriva do conceito de cidade-jardim.

O movimento das cidades-jardim é um método de planeamento urbano iniciado em 1898 por Sir Ebenezer Howard no Reino Unido. As cidades-jardim deveriam ser comunidades planeadas e autónomas, rodeadas por "cinturas verdes", contendo áreas proporcionais de habitação, indústria e agricultura. Howard fundou a Garden Cities Association (mais tarde conhecida como Town and Country Planning Association ou TCPA), que criou a First Garden City, Ltd. em 1899 para criar a cidade-jardim de Letchworth. Após 1945, o modelo de cidade-jardim foi transformado em cidades-satélite ou novas cidades em muitos países, por exemplo, Suécia, Reino Unido e Hong Kong. (Anon., n.d.)

As cidades-satélite são pequenas ou médias cidades próximas de uma grande metrópole, que:

- são anteriores à expansão suburbana da metrópole

• são, pelo menos parcialmente, independentes económica e socialmente dessa metrópole

• estão fisicamente separadas da metrópole por um território rural ou por uma barreira geográfica importante, como um grande rio; as cidades satélite devem ter a sua própria área urbanizada independente, ou equivalente

• ter um centro tradicional rodeado de bairros tradicionais no "centro da cidade

• pode ou não ser contado como parte da Área Estatística Combinada da grande metrópole

2.2 Diretrizes para o esquema de desenvolvimento de infra-estruturas urbanas em cidades satélite de acordo com o JNNURM: (Governo da Índia, 2005)

• Desenvolver infra-estruturas urbanas, tais como transportes, água potável, esgotos, drenagem e gestão de resíduos sólidos, etc., em cidades-satélites/contra-ímãs em torno de mais de um milhão de aglomerações urbanas (UA) abrangidas pela Missão Nacional de Renovação Urbana Jawaharlal Nehru (JNNURM) e canalizar o seu crescimento futuro de modo a reduzir a pressão sobre mais de um milhão de UA.

• Melhorar a sustentabilidade das infra-estruturas urbanas através da aplicação de reformas como a auditoria energética, a auditoria da água, a introdução de tecnologias rentáveis, o reforço das capacidades para melhorar o funcionamento e a manutenção, etc.

• Adotar modelos inovadores de parcerias público-privadas para o desenvolvimento de cidades-satélite.

2.3 Teorias e modelos

2.3.1 Modelo SAFE

O Centro de Excelência (CoE) para o Planeamento Integrado da Utilização dos Solos e a Gestão dos Recursos Hídricos (ILPWRM) do IIT Guwahati criou um novo método.

Quadro para o cálculo da capacidade de carga utilizando o método "Sustainable Accommodation through Feedback Evaluation (SAFE)"

Para elaborar as etapas envolvidas no cálculo da capacidade de carga através do método "SAFE" proposto, apresenta-se de seguida um procedimento passo a passo.

Etapa 1: Delimitação da zona urbana: Nesta etapa, a área urbana potencial é delineada a partir do plano diretor da cidade

Etapa 2: Demarcação da zona urbanizável e não urbanizável: A zona é constituída por zonas urbanizáveis e zonas com menos possibilidades de desenvolvimento, ou seja, zonas não urbanizáveis. Nesta etapa, as zonas não urbanizáveis da região montanhosa delineada são demarcadas utilizando as ferramentas geoespaciais mais recentes. As zonas não urbanizáveis consistem principalmente em terrenos com declive elevado, zonas florestais reservadas, massas de água, linhas de água, canais de drenagem, nascentes, depressões, etc. Assim, podem ser delimitadas as áreas utilizáveis no que diz respeito a várias actividades de desenvolvimento.

$$A_U = A_D + A_{ND}$$

$$A_D = A_U - A_{ND}$$

Etapa 3: Determinação da área necessária para diferentes infra-estruturas e instalações: Agora, dentro das regiões urbanizáveis das áreas urbanas, várias sub-regiões são atribuídas para o desenvolvimento de várias infra-estruturas e instalações urbanas, como estações de tratamento de água, estações de tratamento de esgotos, drenagem, centros comerciais, centros de saúde, instituições de ensino, áreas recreativas, instalações de transporte, etc. Para calcular estas áreas, é adoptada a abordagem de planeamento regional como ferramenta. Por exemplo, um centro urbano com uma população de 1000 habitantes não necessitará de um local de despejo de resíduos sólidos; em vez disso, pode ser mantido um local de despejo de resíduos sólidos em ligação com o local de despejo regional. O espaço necessário para as diferentes infra-estruturas pode ser determinado através de requisitos específicos do local. O índice normalizado de necessidades de espaço das diretrizes UDPFI do Ministério do Desenvolvimento Urbano, Governo da Índia, também pode ser utilizado como orientação para calcular o espaço necessário para vários desenvolvimentos de infra-estruturas.

$$A_D = A_{IF} + A_R$$

Passo 4: Cálculo da área residencial disponível: A área residencial líquida disponível para o desenvolvimento da povoação pode ser calculada utilizando a seguinte equação:

$$A_U = A_{ND} + A_{IF} + A_R$$

$$A_R = A_U - (A_{IF} + A_{ND})$$

Etapa 5: Levantamento socioeconómico da região urbana e cálculo das necessidades de superfície da população: Deve ser feito um estudo demográfico e socioeconómico exaustivo da zona urbana montanhosa para calcular a área média de pavimento necessária por habitante. A este respeito, podem ser consultados os valores padrão nacionais da área de pavimento (MoUD, GOI) para se ter uma ideia do mesmo. As necessidades de superfície das pessoas variam muito em função da economia e do estilo de vida das pessoas que aí vivem.

$$FAR = A_F / A_P$$

Passo 6: Determinação do rácio da área útil: O rácio de área útil é definido como:

O FAR tem de ser determinado tendo em conta vários aspectos, tais como a disponibilização do espaço livre pretendido, a capacidade de suporte segura do solo, a economia das pessoas para poderem ter estruturas resistentes aos sismos, os requisitos de drenagem e transporte, etc. Embora o método "SAFE" proposto determine por si só um F AR aceitável, é necessário fornecer um valor inicial de F AR. Este valor pode ser dado a partir de diretrizes fornecidas por diferentes organizações, incluindo a ULB. Na ausência de tais diretrizes, pode ser utilizado um valor de 1,5 como valor experimental inicial. Este valor é sugerido com base na tendência geral observada até à data nas condições indianas.

$$CC = A_U - (A_{IF} + A_{ND}) \ X \ FAR/S$$

(A_U =ÁREA URBANA TOTAL, A_D =ÁREA LÍQUIDA URBANIZÁVEL, A_{ND} =ÁREA LÍQUIDA NÃO URBANIZÁVEL, A_{IF} =ÁREA PARA DESENVOLVIMENTO DE INFRA-ESTRUTURAS, A_R =ÁREA PARA NECESSIDADES RESIDENCIAIS, A_F =ÁREA TOTAL, A_P =ÁREA DO LOTE & S = ÁREA NECESSÁRIA POR HABITANTE).

Etapa 7: Cálculo da capacidade de carga: Com base no estudo global, a capacidade de carga da zona no que respeita ao desenvolvimento urbano pode ser calculada utilizando a seguinte equação:

Com base na tendência de crescimento da população, as exigências da população em matéria de infra-estruturas e outras instalações também aumentarão. Por conseguinte, é aconselhável que a capacidade de carga seja calculada periodicamente utilizando a relação acima referida, de modo a impedir o desenvolvimento aleatório, não planeado ou ilegal que, a longo prazo, prejudicará o ecossistema, provocando riscos ou calamidades naturais (GUWAHATI, 2012).

2.3.2 Modelo gravitacional

A teoria da gravidade foi introduzida por Isaac Newton em 1686. Newton postulou que a força gravitacional, que actua entre dois corpos no espaço, era diretamente proporcional à massa dos dois corpos e inversamente proporcional ao quadrado da distância entre os corpos.

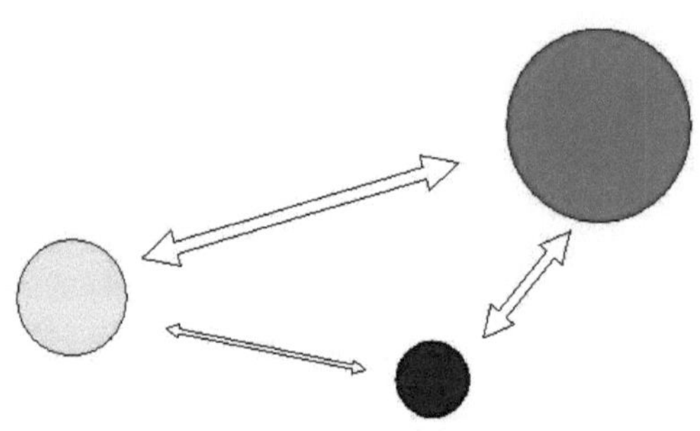

Foi na segunda metade do século XIX que a teoria da gravidade foi aplicada à interação humana. O modelo gravitacional tem por objetivo formalizar, estudar e prever a geografia dos fluxos ou das interações. O modelo gravitacional, como os cientistas sociais se referem à lei da gravitação modificada, tem em conta a dimensão da população de dois locais e a sua distância.

Uma vez que as povoações maiores atraem mais pessoas, ideias e mercadorias do que as povoações mais pequenas e os locais mais próximos têm uma maior atração.

Figura 2: Ilustração do modelo gravitacional

A aplicação do modelo gravitacional a nível local ajuda a examinar a interação entre a cidade de Patna e os centros urbanos circundantes.

A interação espacial é um termo amplo que engloba qualquer movimento no espaço que resulte de um processo humano. Inclui a deslocação para o trabalho, a migração, os fluxos de informação e de mercadorias, as inscrições de estudantes e a participação em conferências, a utilização de instalações públicas e privadas e até a transmissão de conhecimentos. Os modelos gravitacionais são os tipos de modelos de interação mais utilizados. São formulações matemáticas utilizadas para analisar e prever padrões de interação espacial (Haynes e Fortheringham, 1984).

$$\frac{\underline{POPULATION_1 \times POPULATION_2}}{DISTANCE^2}$$

Utilizando esta fórmula, o grau de interação entre dois locais é calculado multiplicando a população 1 pela população 2 e dividindo depois o resultado pelo quadrado da distância entre dois locais selecionados. Aplicando este método, foi determinado o grau de interação entre a cidade de Patna e os centros urbanos circundantes. Os dados do recenseamento do ano de 2011 foram utilizados para os cálculos acima referidos. O grau de interação foi determinado multiplicando a população da cidade de Patna pela população dos centros urbanos selecionados e, em seguida, o resultado foi dividido pelo quadrado da distância entre a cidade de Patna e os centros urbanos.

2.4 Curva de decaimento da distância

A deterioração da distância é um termo geográfico que descreve o efeito da distância nas interações culturais ou espaciais. O efeito de decaimento da distância afirma que a interação entre dois locais diminui à medida que a distância entre eles aumenta. Quando a distância está fora do espaço de atividade dos dois locais, as suas interações começam a diminuir.

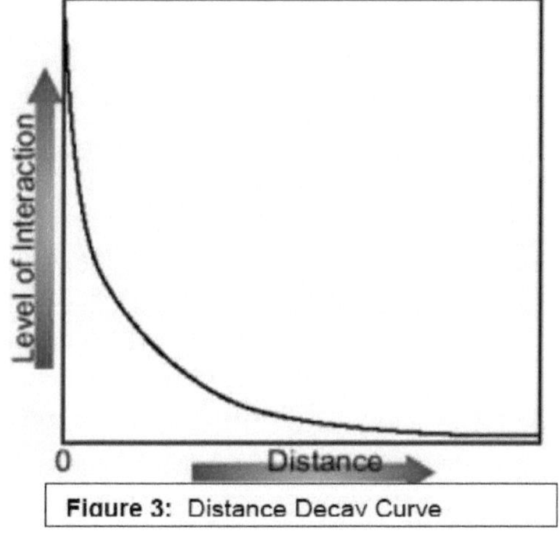

Figure 3: Distance Decay Curve

2.5 Quocientes de localização

Um quociente de localização compara a proporção de emprego (ou rendimento) num determinado sector (categoria de emprego) na economia local com a proporção de emprego (ou rendimento) nesse mesmo sector numa economia de referência mais vasta.

A economia de referência é mais frequentemente a economia nacional da qual a economia local faz parte. Estas duas proporções são comparadas como um rácio, e a estatística resultante é o quociente de localização. Apresentado como uma fórmula, o quociente de localização é:

$$\mathbf{LQ_i \quad = (e_i/e) / (E_i/E)}$$

onde,

LQ_i = quociente de localização do sector i (na economia local)

e_i = emprego no sector i na economia local

e = emprego total na região local

E_i = emprego no sector i na economia de referência (geralmente a nação)

E = emprego total na economia de referência

Vamos calcular um par de exemplos para ajudar a compreender como interpretar um quociente de localização. O exemplo utiliza dados relativos ao Oklahoma e aos EUA para o ano 2000, obtidos no Gabinete de Análise Económica (EUA), Regional Accounts Data.

Quadro 2: Categoria de emprego nos EUA e em Oklahoma

Categoria de emprego	Estados Unidos	Oklahoma
Total	167,465,300	2,030,436
Fazenda	3,103,000	98,270
Fabrico	19,106,900	189,830

O quociente de localização (LQ) para o emprego em explorações agrícolas em Oklahoma seria: (98.270 / 2.030.436) / (3.103.000 / 167.465.300) = (.04840) / (.01853)

= 2,61 O quociente de localização para o emprego em indústrias transformadoras em Oklahoma seria:

(189,830 / 2,030,436) / (19,106,900 / 167,465,300) = (.09349) / (.11409) = 0.82

<u>LQ = 1.0</u> Um quociente de localização igual a 1.0 indicaria que a proporção de emprego nessa categoria era a mesma tanto em Oklahoma como nos EUA como um todo. O pressuposto da teoria da base económica é que a produção de bens e/ou serviços de uma indústria deste tipo é apenas suficiente para satisfazer a procura na economia local. Uma vez que a produção não é exportada, assume-se que este sector não é básico na economia local.

<u>LQ < 1,0</u> Um quociente de localização inferior a um indica que existe uma proporção menor do emprego total num determinado sector em Oklahoma do que no conjunto dos EUA. A teoria da base económica pressupõe que a produção de uma indústria deste tipo não é suficiente para satisfazer a procura local, exigindo assim que a área local importe parte deste produto ou serviço de uma economia externa. Todo o emprego neste sector na economia local é considerado não-básico.

<u>LQ > 1.0</u> Se o quociente de localização for superior a um, então Oklahoma tem uma proporção mais elevada do seu emprego total concentrado nesse sector do que o conjunto dos EUA. Parte-se do princípio de que o Oklahoma é capaz de satisfazer as necessidades locais destes produtos ou serviços e de exportar alguma produção para áreas não locais. A proporção superior à dos EUA é considerada como emprego de base.

Oklahoma tem mais de duas vezes e meia mais emprego total na agricultura do que os EUA como um todo. Oklahoma pode ser considerado como mais "especializado" na agricultura do que os EUA como um todo. No entanto, em termos de fabrico, o Oklahoma não satisfaz a procura local global de produtos manufacturados, pelo que o estado é menos especializado no fabrico do que os EUA no seu conjunto.

2.6 Estudo documental:

Caso da cidade satélite de Kanota, em Jaipur:

Mapa 2: Mapa que mostra a localização regional de Kanota em Jaipur

Kanota está situada no lado oriental da cidade de Jaipur, a uma distância de cerca de 18 km. Situa-se ao longo da autoestrada nacional (NH)-11. A área atual de Kanota é de 1,18 km2. Kanota Até 1524 d.C., a povoação fazia parte do limite norte de Mewar. Em 1871 d.C., o estado de Kanota foi concedido a Thakur Zorawar Singh, que começou a construir o forte na linha de segurança de Lohagadh (Bharatpur). Foi o último forte construído no Rajastão. Atualmente, foi convertido num hotel histórico com o nome de **"Castelo de Kanota"**.

A população de Kanota era de 6968 habitantes no ano de 1991 e aumentou para 8838 no ano de 2001. O número de trabalhadores aumentou de 2160 para 3003 entre os anos de 1991 e 2001. O rácio de participação da força de trabalho no ano de 1991 era de 31,00%, tendo aumentado para 33,98% no ano de 2001. A terra é fértil e cerca de 35,10% da população ativa dedica-se à agricultura.

Figura 4: Castelo de Kanota na cidade de Kanota

O uso residencial é um dos usos predominantes do solo em Kanota e compreende quase 34,60% do uso total do solo desenvolvido. A área total desenvolvida abrangida pelo uso industrial do solo é de 41,90%. Kanota está bem servida de transportes públicos devido à sua proximidade da cidade de Jaipur. A cidade situa-se numa importante autoestrada nacional, a NH-11, que liga Jaipur a locais importantes como Dausa e Agra. Os autocarros da RSRTC, bem como de agências privadas, circulam nesta rota.

A frequência de autocarros e de outros veículos privados é boa, o que a torna uma povoação importante na parte oriental da cidade de Jaipur. A empresa Jaipur City Transport Service Limited (JCTSL) também começou a transportar autocarros entre Kanota e Jaipur para aumentar a acessibilidade entre as duas povoações. Está prevista uma estrada circular a oeste de Kanota, a uma distância de cerca de 2 km.

2.6.1As seguintes políticas e princípios de planeamento foram adoptados pela JDA (Jaipur Development Authority) aquando da preparação do plano de utilização dos solos para a cidade-satélite de Kanota (2025).

* Racionalizar as densidades residenciais generalizadas com base num método científico.

* Propor todas as actividades industriais na periferia.

* As principais estradas devem ser reforçadas para aumentar o desenvolvimento económico.

* A hierarquia das estradas deve ser elaborada tendo em conta os factores de desenvolvimento.

* Proteger as terras agrícolas adequadas contra a urbanização indiscriminada.

* Proteger as zonas sensíveis do ponto de vista ecológico, como as florestas e as massas de água, etc.

* Conservar as estruturas do património

* Desenvolver as zonas de importância ecológica como áreas turísticas naturais e grandes instalações recreativas.

2.6.2Parâmetros de desenvolvimento:

* Enquadramento regional

* Conectividade da cidade-satélite com a cidade-mãe

* Taxa de crescimento natural

* Migração

- Descentralização da cidade-mãe-Jaipur

- Força de trabalho e potencial económico da cidade satélite

- Disponibilidade de solo urbano

- Disponibilidade de terrenos públicos

CAPÍTULO 3:

PERFIS DE CIDADES

Capítulo 3: Perfis das cidades

3.1 Patna

3.1.1 Atributos de localização

Patna está situada na margem sul do rio Ganges. A cidade está situada a 25,611° de latitude norte e 85,144° de longitude leste. A cidade tem aproximadamente 35 km de comprimento e 16 km a 18 km de largura. O povoamento é limitado na direção norte devido à presença do rio Ganges.

3.1.2 Perfil geral

Patna é um dos locais continuamente habitados mais antigos do mundo. A antiga Patna, conhecida como *Pataliputra*, era a capital do Império Magadha. Patna é a capital do estado indiano de Bihar, a sua cidade mais populosa e a segunda cidade mais populosa da Índia Oriental, a seguir a Calcutá. É o centro administrativo, industrial e educativo do estado.

Patna é, desde há muito, um importante centro de comércio agrícola, sendo as suas exportações mais activas os cereais, a cana-de-açúcar, o sésamo e o arroz de Patna de grão médio. Existem ainda vários engenhos de açúcar em Patna e arredores.

3.1.3 Ligações regionais

Patna foi um dos primeiros locais na Índia a utilizar eléctricos puxados por cavalos para os transportes públicos. Atualmente, os transportes públicos são assegurados por autocarros, riquexós e comboios locais. Diz-se que os riquexós são a tábua de salvação da cidade. A BSRTC iniciou um serviço de autocarros urbanos em todas as principais rotas de Patna. A estação ferroviária de Patna Junction está ligada à maior parte das grandes cidades da Índia pela rede ferroviária. A cidade é servida por várias auto-estradas e auto-estradas estatais importantes, incluindo as auto-estradas nacionais 19, 30, 31 e 83. Existe um aeroporto, o Aeroporto Lok Nayak Jayaprakash, que está classificado como aeroporto internacional restrito. A chegada de várias transportadoras de baixo custo e de uma série de novos destinos provocou um crescimento do tráfego aéreo nos últimos anos (Departamento de Desenvolvimento Urbano e Habitação,

2010).

3.1.4Demografia

Toda a área da PMC foi dividida em 72 bairros, que acomodam uma população de 1,6 milhões de habitantes, de acordo com o Censo de 2011. De acordo com os dados provisórios do recenseamento de 2011, a cidade de Patna tinha uma população de 1 683 200 habitantes (antes da expansão dos limites da cidade) dentro dos limites da corporação, com 894 158 homens e 789 042 mulheres. 11,32% da população tinha menos de seis anos de idade, com 102.208 rapazes e 88.288 raparigas. A relação de género de 882 mulheres por cada 1.000 homens é inferior à média nacional de 944. A taxa de alfabetização global é de 84,71%, sendo a taxa de alfabetização masculina de 87,71% e a taxa de alfabetização feminina de 81,33%.

3.1.5Distribuição da utilização dos solos de Patna

Quadro 3: Distribuição da utilização do solo em Patna

Land use	Total area (in Ha) (2006)	%	UDPFI Standards (for large cities)
1. Residential	8230	60.88	35-40
2. Commercial	298	2.20	4-5
3. Public semi-public	651	4.82	14-16
4. Recreational	212	1.56	20-25
5. Industrial	238	1.76	12-14
6. Transportation	1050	7.77	15-18
7. Water bodies	164	1.14	
8. Agriculture	2591	18.88	
9. Vacant land	145	0.99	
TOTAL	13,579		

Em comparação com as diretrizes do UDPFI, Patna tem mais zonas residenciais, que representam cerca de 61% da área total. Apenas 2% dos terrenos se destinam a zonas de lazer, o que afecta indiretamente a qualidade de vida na cidade de Patna.

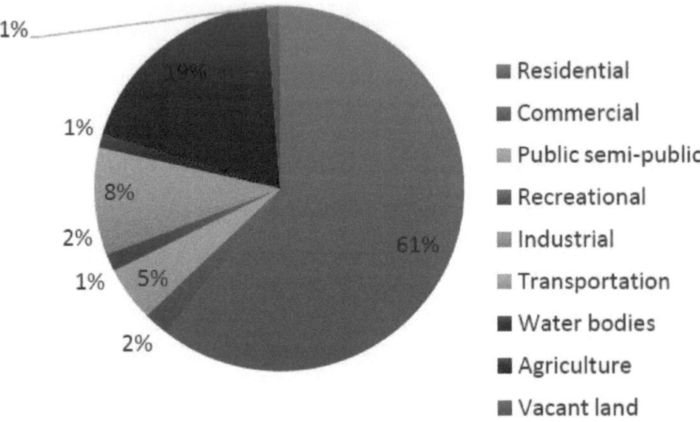

Gráfico de pizza mostrando a distribuição do uso do solo

3.1.6Projeção da população

YEAR	POPULATION (in lakhs)	GROWTH RATE
1971	4.73	-
1981	7.76	64.06
1991	9.17	18.17
2001	13.66	48.96
2011	16.83	23.20
2021	22.05	31.01
2031	27.12	23.17

Fonte: Censo da Índia

Registou-se uma alteração de 25,76% na população em comparação com a população de 2001. E em 2021, a população de Patna será de cerca de 22 lakhs. Embora o crescimento espacial da cidade não tenha correspondido ao seu crescimento demográfico.

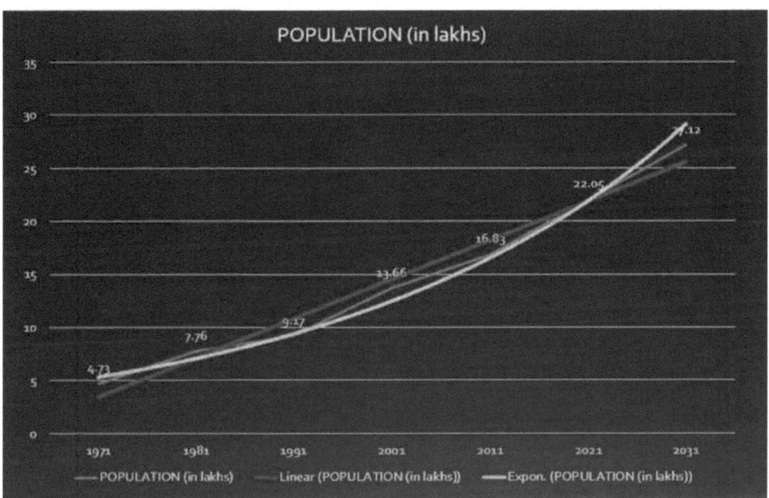

Gráfico que mostra os três métodos diferentes de projeção da população. O gráfico exponencial mostra que Patna terá uma população de cerca de 25 lakhs em 2021 e 30 lakhs em 2031.

3.2 Hajipur

3.1.1 Atributos de localização

A cidade de Hajipur, delimitada pelo rio Narayani Gandak a oeste e pelo sagrado Ganges a sul, tem possibilidades de expansão apenas nas direcções leste e norte. A cidade está situada a 25,68° de latitude norte e 85,22° de longitude leste. A famosa ponte Mahatma Gandhi Setu (5575 m de comprimento, ponte de CCR do tipo caixão pré-esforçado) sobre o rio Ganges liga a cidade a Patna, a capital do estado, enquanto outra ponte ferroviária e rodoviária sobre o Gandak a liga a Sonepur.

3.1.2 Perfil geral

Hajipur é a sede do distrito de Vaishali no estado indiano de Bihar. A cidade é conhecida pelo nome de Hajipur por ter sido fundada por um rei de Bengala chamado

Haji Ilyas Shah, que governou entre 1345 e 1358 d.C. Hajipur ganhou importância, pois foi o local de um dos discursos proferidos pelo Senhor Buda. Tem uma altitude média de 46 metros (150 pés). O distrito tem 3 subdivisões, 16 quarteirões, 191 Gram Panchyat e 1638 aldeias e está rodeado por Muzaffarpur (norte), Patna (sul), Samastipur (leste) e Saran (oeste).

3.1.3Ligações regionais

A estação ferroviária de Hajipur é a sede da East Central Railway Zone. Três linhas ferroviárias ligam-na a Muzaffarpur, Chhapra e Barauni. Hajipur está ligada a outras partes da Índia através de auto-estradas nacionais e estatais. As principais auto-estradas são:

• A autoestrada nacional 19 (NH 19) atravessa a cidade e liga-a a Chhapra, que por sua vez liga a cidade de Ghazipur em U.P. A NH 19 começa em Patna e está ligada a Gaya e BodhGaya através da autoestrada estatal.

• A National Highway 77 (NH 77) liga Hajipur a Sonbarsa (fronteira com o Nepal) através de Muzaffarpur e Sitamarhi.

• A autoestrada nacional 103 (NH 103) começa em Hajipur e junta-se à NH 28A em Musri Gharari (Samastipur) via Jandaha. (Departamento de Desenvolvimento Urbano e Habitação, 2010)

3.1.4Demografia

De acordo com o censo de 2011, a cidade de Hajipur tem uma população de 147 126 habitantes, dos quais 78 561 são homens e 68 565 são mulheres. A taxa de alfabetização era de 79,26%, superior à média nacional de 74,04%: a alfabetização masculina é de 84,78% e a feminina de 72,93%. Em Hajipur, 16% da população tem menos de 6 anos de idade. O rácio entre os sexos, de 873 mulheres por cada 1.000 homens, é inferior à média nacional de 944.

3.1.5 Distribuição da utilização dos solos de Hajipur

Land use	Total area (in Ha)	%
1. Residential	946.25	48.18
2. Commercial	75.22	3.83
3. Public semi-public	63.43	3.23
4. Recreational	27.88	1.42
5. Industrial	109.59	5.58
6. Transportation	219.96	11.2
7. Water bodies	10.21	0.52
8. Agriculture	492.96	25.1
9. Government land	18.46	0.94

Quadro 5: Distribuição da utilização do solo em Hajipur

O quadro mostra a distribuição da utilização do solo em Hajipur. Indica que Hajipur tem muito poucas zonas de lazer e zonas comerciais.

3.1.6 Projeção da população

YEAR	POPULATION (in lakhs)	GROWTH RATE
1971	0.41	-
1981	0.62	49.25
1991	0.87	40.25
2001	1.19	36.18
2011	1.47	23.53
2021	2.01	36.73
2031	2.56	27.36

Fonte: Censo da Índia

Registou-se uma alteração de 12,65% na população em comparação com a população de 2001. E em 2021, a população de Hajipur será de cerca de 2 lakhs.

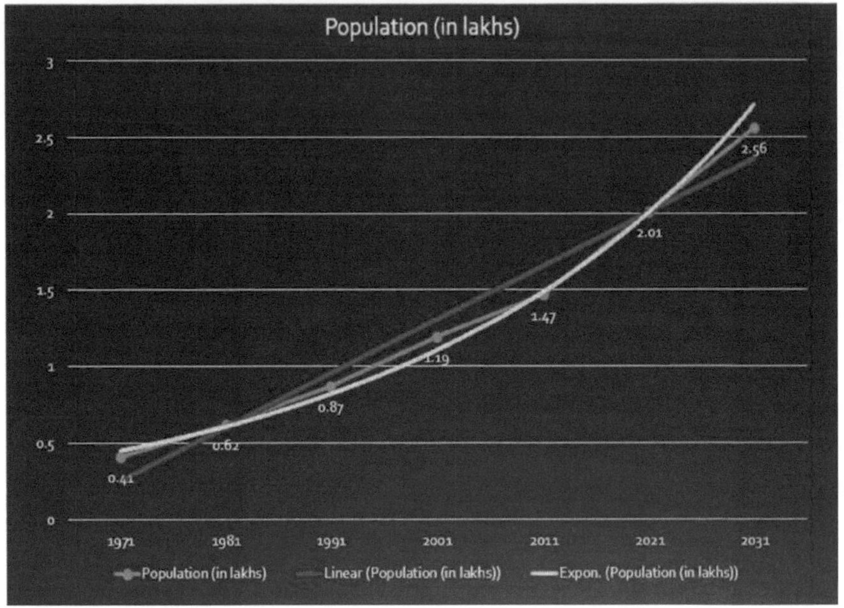

Capítulo: 4

Perfil económico de Hajipur

Capítulo 4: Perfil económico de Hajipur

4.1 Perfil económico

Atualmente, existem 39 bairros na Corporação Municipal de Hajipur. Ao longo dos anos, a cidade tem aproveitado a base agrícola para desenvolver os seus sectores industrial e terciário. A população ativa principal de Hajipur representa 25% da população total.

Existem três zonas industriais em Hajipur, sendo a principal a Zona Industrial de Hajipur criada pela BIADA. Existem 97 indústrias de base agrícola em Hajipur e, das 127 indústrias instaladas no parque industrial, pouco mais de metade estão em funcionamento.

A base económica de Hajipur depende das indústrias de produção baseadas nos recursos locais primários e, devido à proximidade com Patna, apresenta um enorme potencial para o desenvolvimento económico e o autoemprego. O sector terciário em Hajipur contribui ao máximo para a produção económica (54%). Dentro do sector terciário, a hotelaria e a restauração contribuem com um máximo de 21,71% da produção económica.

O sector da indústria transformadora contribui com 9,68% do PIB, o que é muito elevado em relação a Patna (1,39%). A pesca é também um importante sector primário que contribui com 3,95% do PIB e tem também potencial devido à disponibilidade do rio Gandak. A parte das actividades primárias no produto interno distrital aumentou 50% entre 2001-02 e 2004-05, o que se deve em grande parte à diversificação da agricultura e ao aumento da produtividade agrícola, devido a melhores inputs tecnológicos e científicos nas técnicas de cultivo e gestão. (Anon., n.d.)

De acordo com o relatório do inquérito económico de 2010-11, o distrito de Vaishali ficou em segundo lugar na produção de produtos hortícolas, frutas e flores em 2008-09. A banana, a manga, a lichia, a goiaba, o trigo e o milho são os principais produtos agrícolas do distrito. Uma enorme perda anual, que ascende a 25 a 40% do total de frutas e legumes produzidos, deve-se a maus métodos de colheita e meios de transporte. Isto deve-se a práticas deficientes de gestão pré e pós-colheita e à falta de disponibilidade de indústrias de processamento de frutas e legumes adequadas.

A produção média anual de peixe no Estado é de cerca de 2,61 lakh toneladas contra uma procura anual de 4,56 lakh toneladas. A piscicultura e o desenvolvimento de práticas de criação de camarão doce e de camarão, que têm um elevado valor nos mercados internacionais, têm um bom potencial em Hajipur.

Com as zonas industriais de Hajipur e a sua proximidade de Patna, a indústria é um dos sectores prioritários da economia da região de Vaishali-Hajipur. No entanto, precisa de ser regularizada e ligada a mercados lucrativos de uma forma sustentável.

Quadro 7: Contribuição do PIB por sector

	Sector wise GDP contribution		
	Sectors	Patna	Hajipur
Primary	Agriculture	2.32	12.36
	Forestry	0.23	2.51
	Fishing	0.13	3.96
	Mining	0.01	Nil
Secondary	Manufacturing	1.39	9.68
	Electricity, Gas and Water supply	0.23	0.78
	Construction	3.94	16.34
Tertiary	Trade, Hotels and Restaurant	73.96	21.71
	Railways	0.76	1.42
	Transport by Other means	2.69	3.25
	Storage	0.07	0.1
	Communication	0.68	1.75
	Banking and Insurance	2.67	2.75
	Other services	9.84	22.39

Este estudo examina ainda o quociente de localização para estabelecer o potencial económico de Hajipur e conclui que o QL é superior a 1 para as actividades do sector primário no caso de Hajipur.

Assim, dado o seu potencial de base agrícola, Hajipur pode emergir como um centro de indústrias de base agrícola no norte de Bihar.

Table 8: List of Local resource based industries

List of local Resource Based Industries
Rice Mill
Maida and Atta Mill
Suji Mill
Floriculture
Honey production
Pickle and Papar industry
Art & Craft production (Sikki grass)
Plywood Industry
Banana Chips Factory
Biscuit factory
Bread Industry
Cold Drinks Industry

Table 9: List of operational Industry

Name of Industry	No. of Units
Dalmot, namkeen, Sevai Manufacturing (Snacks)	6
Sattu, Besan production	3
Chyavanprash production	2
Oil production	20
Aachar (Pickles) Manufacturing	25
Potato Preservation	10
Rice Mill / Rice Flake Manufacturing	22
Pulses Mill	1
Spice Manufacturing	2
Wheat production/ Grinding	6

4.2 Análise do potencial de emprego nos centros urbanos de Bihar

Para efeitos de análise, Bihar foi dividido em Norte e Sul. Esta divisão é naturalmente apoiada pelo rio Ganges, que traça uma linha ténue entre as duas divisões (Figura 4). A classificação das cidades de acordo com as classes de população nas duas divisões é apresentada no Apêndice I. O Norte de Bihar é em grande parte agrário, com a maioria das cidades também a apoiar actividades primárias. O Bihar do Sul é comparativamente mais desenvolvido, com emprego considerável no sector do "comércio" e dos "serviços". No entanto, em todos os distritos, o sector industrial está muito subdesenvolvido em Bihar. Uma análise do quociente de localização das duas divisões de Bihar revela os mesmos resultados que os referidos. Os resultados da análise são apresentados nos Apêndices XV e XVI, respetivamente.

Mapa 3: Mapa que mostra o norte de Bihar, o sul de Bihar e a linha de divisão

A técnica do Quociente de Localização compara a economia local com uma economia de referência, identificando assim as especializações na economia local. O quociente de localização (QL) é o rácio entre a parte de um sector no emprego da economia local e a parte do mesmo sector na economia nacional. Um valor de quociente de localização superior a um (LQ>1) para qualquer ramo de atividade indica que a economia local é um exportador líquido dos bens e serviços fornecidos por esse ramo específico. Por outro lado, se o valor do quociente de localização for inferior a um (LQ<1), indica que o emprego no respetivo ramo de atividade é menor na economia local do que na economia de referência e, por conseguinte, a economia local é uma importadora líquida. No âmbito do modelo normalizado de base de exportação, os sectores industriais com LQ>1 são designados como sectores "básicos", enquanto os sectores com LQ<1 são designados como sectores "não-básicos". A análise relativa ao Norte de Bihar mostra que, nas cidades da classe I, as actividades primárias, como a agricultura, a exploração mineira, a extração de pedreiras, etc., são os principais absorvedores de recursos, sendo que cidades como Purnia, Chapra, Bettiah, Motihari e Saharsa continuam a ter as actividades primárias como sector de base.

No entanto, algumas das cidades revelam uma tendência para o comércio, como Darbhanga, Siwan e Muzzaffarpur. Katihar dedica-se principalmente aos serviços. A maioria destas cidades também tem uma quota-parte maior nos serviços, em comparação com a economia de referência de Bihar. Entre as cidades da classe II, 7 em 9 revelam preferências por actividades primárias, apenas Sitamarhi e Samastipur têm o comércio como atividade básica. Entre as cidades da classe III, 26 das 28 cidades examinadas são baseadas em actividades primárias, apenas 2 têm o comércio como sector de emprego de base. O mesmo acontece com as cidades da classe IV, em que 9 das 10 cidades examinadas preferem as actividades primárias como sector de base. O sector industrial tem uma proporção de emprego muito baixa nas cidades do Norte de Bihar. O Sul de Bihar também tem uma forte presença de actividades primárias em quase todas as cidades e vilas.

No entanto, a situação é ligeiramente melhor para outros sectores do que no Norte de Bihar. Entre as cidades da classe I, três das maiores cidades, nomeadamente Patna, Gaya e Bhagalpur, têm os serviços como sector de base. Estas cidades servem um total de 30,78% da população urbana de Bihar. Dehri Dalmianagar emprega uma maior percentagem de pessoas no sector do comércio, em comparação com Bihar no seu conjunto. As restantes 5 cidades da classe I, nomeadamente Bihar Sharif, Arrah, Munger, Hajipur e Sasaram, no Sul de Bihar, dedicam-se sobretudo a actividades primárias. No entanto, Bihar Shariff tem a indústria como segundo sector de base, sendo a única grande cidade em todo o Bihar a apresentar essa tendência. Entre as cidades da classe II, 4 das 8 examinadas têm como sector de base as actividades primárias, 3 dedicam-se ao comércio e 1 é especializada em serviços. Muitas das cidades da classe II também têm os serviços como sector de base, o que revela crescimento e alinhamento com a economia nacional. No Sul de Bihar foram analisadas 35 cidades de classe III, das quais 33 são especializadas em actividades primárias orientadas para a agricultura. Apenas 2 têm os serviços como sector de base. Todas as 7 cidades da classe IV são especializadas em actividades primárias. Estes resultados mostram claramente a fraca contribuição do sector industrial para o perfil do emprego em Bihar, uma vez que nenhuma das cidades se especializa em actividades industriais. (Prem Pangotra, 2008)

Capítulo: 5

Aplicação de teorias e modelos

Capítulo: 5 Aplicação de teorias e modelos

5.1 Cálculo da capacidade de carga de Patna

Aplicação do modelo SAFE:

A capacidade de carga é calculada pela seguinte fórmula:

$$CC = A_U - (A_{IF} + A_{ND}) \times FAR/S$$

Onde,

- AU = Área urbana total delimitada (13579 ha)

- AIF = Área de desenvolvimento de infra-estruturas (2449 ha) que inclui áreas comerciais, áreas públicas semi-públicas, áreas recreativas, áreas industriais e áreas do sector dos transportes

- E = Terrenos não urbanizáveis = Área urbana total - (área urbanizada + área para infra-estruturas)

- A FAR é considerada como 1

- Área de pavimento necessária = Área total construída = 8147 ha (considerando a cobertura do solo como 60%)

- Área edificada por pessoa = área edificada total dividida pela população total = 0,00484 ha

A partir do cálculo acima, a capacidade de carga urbana de Patna foi calculada em 2265702 pessoas, o que é muito inferior à população projectada de Patna para 2021. Assim, Patna necessitará de uma cidade satélite para albergar a população excedentária, o que melhorará a qualidade de vida da cidade de Patna.

5.2 Cálculo da interdependência entre assentamentos

Aplicação do modelo gravitacional:

Teste do modelo gravitacional:

Utilizando a fórmula fornecida por Matt T. Rosenberg, foi determinado o grau de interação entre a cidade de Patna e os centros urbanos circundantes. Para estes cálculos, a cidade de Patna foi considerada como População 1, enquanto a população dos centros urbanos vizinhos foi considerada como População 2. Após a multiplicação da população 1 pela população 2, o resultado obtido foi dividido pelo quadrado da distância entre a população 1 e a população 2. A interação entre a cidade de Patna e Hajipur é calculada através da multiplicação das suas populações totais de 2011 (1683200 e 147126 respetivamente) e o produto é ($2,47 \times 10^{11}$) dividido pelo quadrado da distância entre elas (144 km). Por conseguinte, a interação entre Patna e Hajipur é 7849989467. Este valor é convertido em 10 milhões para melhor compreensão. Deste modo, a interação/gravidade entre a cidade de Patna e Hajipur é de 784,99. O mesmo método é aplicado para descobrir a interação entre a cidade de Patna e os restantes centros urbanos circundantes selecionados. Todos os valores das interações são apresentados no quadro 1. De acordo com o quadro 1, o valor da interação entre a cidade de Patna e Hajipur é o mais elevado (785). De acordo com a regra da gravitação, a interação entre estas duas maiores povoações (em comparação com os restantes centros urbanos) é superior à dos restantes centros urbanos. A principal causa do valor mais baixo da interação é a maior distância entre a cidade de Patna e os centros urbanos.

Por conseguinte, o valor de interação de Hajipur é mais elevado do que o de qualquer outro centro urbano. Por conseguinte, Hajipur surgirá como uma cidade satélite.

Utilizando o modelo gravitacional, foi determinado o grau de interação entre a cidade de Patna e os centros urbanos circundantes.

Para efeitos de cálculo, a cidade de Patna é considerada como População 1, enquanto a população dos centros urbanos vizinhos foi considerada como População 2. Todos os valores das interações são apresentados no Quadro 1. Como se pode ver no quadro 1, o valor da interação entre a cidade de Patna e Hajipur é o mais elevado. Por conseguinte, é necessário criar uma cidade satélite para Patna.

Mapa mostrando quatro outros centros urbanos próximos de Patna com as suas distâncias a partir de Patna.

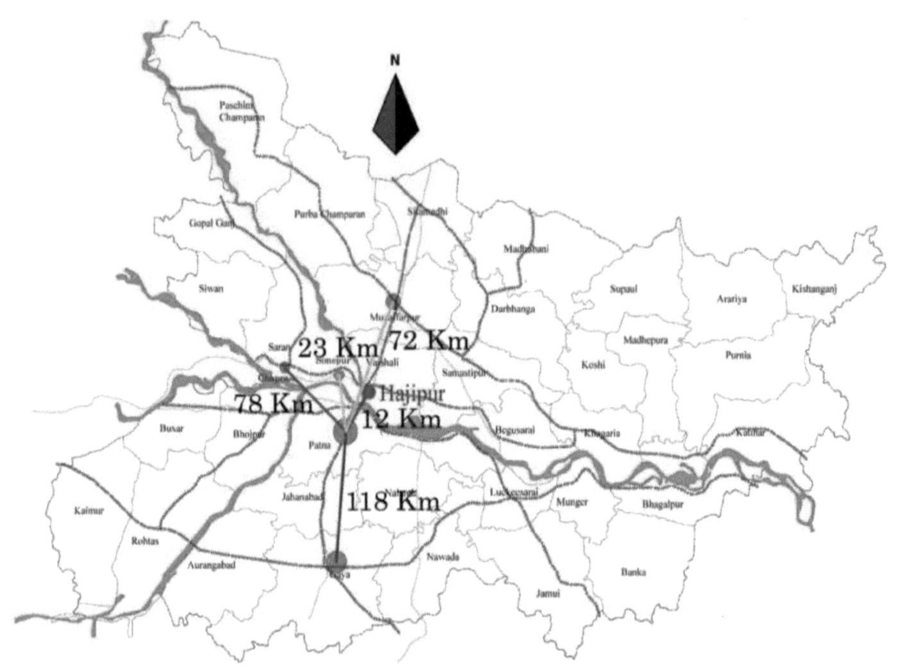

Mapa 4: Mapa de quatro outros centros urbanos

Tabela 10: Valor de interação dos centros urbanos circundantes

Sr.no.	Interação entre a população 1 e a população 2		Distância		Valor de
	POPULAÇÃO 1	POPULAÇÃO 2	Km	$(Km)^2$	interação
1.	1683200 (PATNA)	147126 (HAJIPUR)	12	144	784.99
2.	1683200 (PATNA)	463454 (GAYA)	118	13924	5.60
3.	1683200 (PATNA)	201597 (CHAPRA)	78	6084	5.57
4.	1683200 (PATNA)	37776 (SONEPUR)	23	529	12.01
5.	1683200 (PATNA)	351838 (MUZAFFARPUR)	72	5184	11.42

Fonte: Censo da Índia, 2011

Por conseguinte, é necessário criar uma cidade satélite para Patna.

5.3 Inquérito de opinião sobre viagens:

	HAJIPUR → PATNA	PATNA → HAJIPUR
Employment	38 %	1%
Education	31 %	30 %
Health facility	6 %	2%
Marketing	3 %	31 %
Labour	7 %	6 %
Business	9 %	14 %
others	6 %	16 %

Quadro 11: Inquérito de opinião sobre viagens

Através de um inquérito de opinião, o estudo concluiu que existe uma forte interdependência entre Hajipur e Patna.

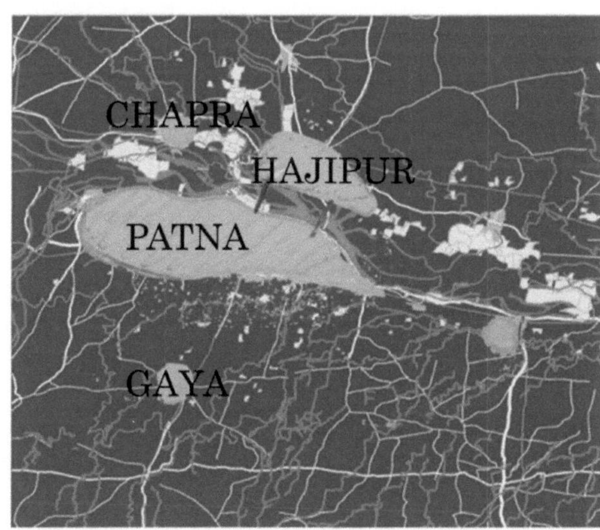

Mapa 5: Mapa que mostra a proliferação de Hajipur

Mapa que mostra a proliferação de Hajipur como o próximo centro urbano desenvolvido para atuar como cidade satélite de Patna.

Capítulo: 6

Propostas

Capítulo: 6 Propostas

Este estudo apresenta um conjunto de propostas. Estas são as seguintes:

6.1 Integração do plano diretor com o plano de perspectivas

Não existe um plano diretor para Hajipur, pelo que é importante prepará-lo o mais rapidamente possível para controlar o desenvolvimento de Hajipur. Esse plano diretor deve ser integrado no plano prospetivo.

6.2 Fornecimento de redensificação

Hajipur tem um desenvolvimento de baixa densidade, com uma densidade urbana global de 75 pessoas por hectare. As densidades bruta e líquida também têm alguma margem de desenvolvimento, com 156 e 278 pessoas por hectare. Assim, as zonas residenciais com densidade muito baixa devem ser desenvolvidas.

6.3 Desenvolvimento zonal de Hajipur

Mapa 6: Mapa que mostra as diferentes zonas (em termos de densidade)

O plano para as zonas é o seguinte:

Zona I - Área de alta densidade (área urbana central próxima da estação ferroviária)

Zona II - Zona de densidade moderada (zona situada ao longo da autoestrada NH-19)

Zona III - Zona de baixa densidade (zona marginal dentro dos limites do município)

6.4 MEDIDA DE DESENVOLVIMENTO ECONÓMICO
6.4.1 Criação de um parque alimentar multiprodutos (MPFP):

Um MPFP deve ser criado em Hardeo Nagra (hajipur) devido à vantagem de localização (estrada, ligação ferroviária). O Multi production Food Park promoverá definitivamente a atividade comercial na região e proporcionará um negócio permanente aos produtores de frutas (Lichi e Mango) e flores.

6.4.2 Revitalização do sector industrial

A indústria é um dos sectores prioritários da economia da região de Vaishali- Hajipur. Deveria ser prevista a promoção da piscicultura, da produção de mel, das pequenas indústrias de base agrícola e da pecuária para o desenvolvimento económico de Hajipur.

6.5 MEDIDA DE TRANSPORTE
6.5.1 Hierarquia das estradas

As seguintes estradas devem ser reforçadas para aumentar o desenvolvimento económico

Estrada de Hajipur Jabhua

Estrada de Konahara Ghat

Estrada de Maksudpur

6.5.2 Fornecimento de paragens de autocarro

Não existindo uma paragem de autocarros adequada, propõe-se a construção de uma paragem de autocarros interdistrital, bem como de outras instalações conexas, a fim de evitar o congestionamento do tráfego e a sobrelotação, como acontece no Gandhi Market Chowk.

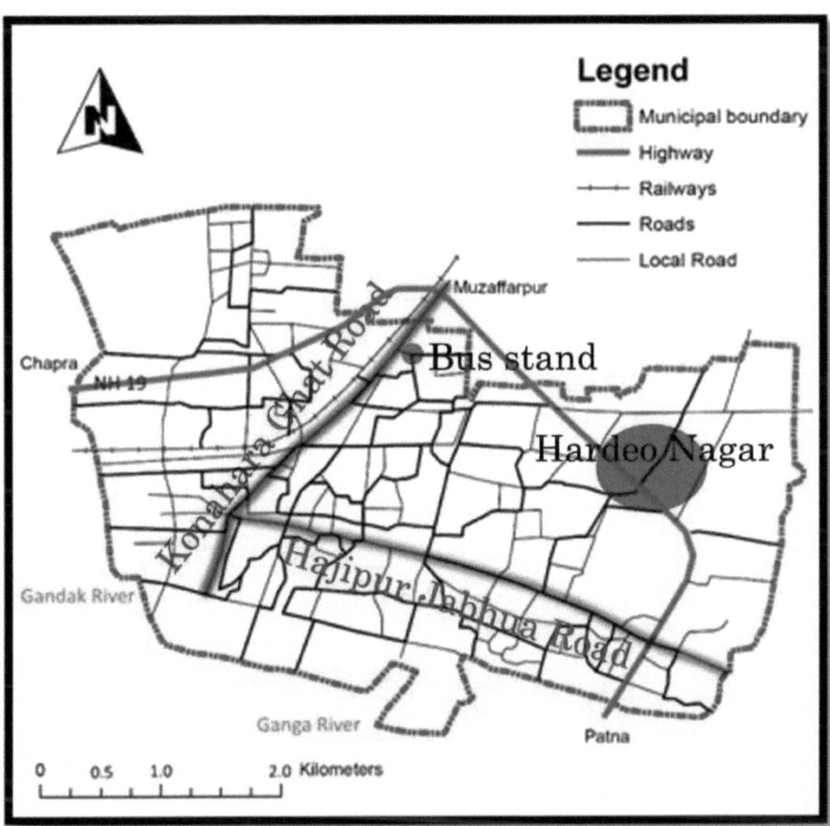

Mapa 7: Mapa que mostra as estradas a reforçar e a localização da paragem de autocarros

6.6 MEDIDA AMBIENTAL

6.6.1 Criação de parques e espaços de lazer para melhorar a qualidade de vida

Em toda a cidade, o uso recreativo do solo corresponde a 1,42% do uso total do solo, o que é muito baixo em comparação com o padrão UDPFI. Assim, a oferta de parques e espaços públicos deve ser pelo menos superior a 10% da utilização total do solo.

6.6.2 Proteção e conservação

Deveria ser prevista a proteção das zonas sensíveis do ponto de vista ecológico, como as florestas, as massas de água, etc., e a conservação das estruturas do património.

Assegurar a proteção de áreas de importância ecológica como zonas turísticas naturais.

REFERÊNCIAS

• Anónimo, 2006. *Departamento de Desenvolvimento Urbano e Habitação, Governo de Bihar.* [Em linha] Disponível em: urban.bih.nic.in/docs/changing-face-of-urban-bihar-in-english.pdf [Acedido em 2 de março de 2014].

• Anon., n.d. *Bihar Industrial Area Development Authority.* [Em linha] Disponível em: http://www.biadabihar.in [Acedido em 3 de maio de 2014].

• Anónimo, n.d. *Wikipédia.* [Em linha] Disponível em: http://en.wikipedia.org/wiki/Satellite_cidade [Acedido em 06 de abril de 2014].

• Datta, P., 2006. *Urbanisation in India,* s.l.: s.n.

• Governo da Índia, 2005. *Diretrizes para o regime de desenvolvimento de infra-estruturas urbanas em cidades-satélite / contra-ímãs de milhões de cidades.* [Em linha] Disponível em: http://urbanindia.nic.in/programme/ud/uidssmtbody.htm [Acedido em 12 de abril de 2014].

• GUWAHATI, I., 2012. *Capacidade de carga urbana,* GUWAHATI: ILPWRM.

• Prem Pangotra, A. G., 2008. *Estratégia de desenvolvimento urbano para Bihar,* AHMEDABAD: W.P. No. 2008-04-02.

• Singh, K. N., 1 de janeiro de 1978. *Urban Development in India.* s.l.:Abhinav Publications.

• Departamento de Desenvolvimento Urbano e Habitação, 2010. *Plano de Desenvolvimento da Cidade,* Patna: s.n.

• Departamento de Desenvolvimento Urbano e Habitação, 2010. *Plano de Desenvolvimento da Cidade,* Hajipur: s.n.

• Haynes, K., Fotheringham A. (1984): "Gravity and Spatial Interaction Models", Sage Publications, Michigan.

• Rathore Rupali (2013), Interdependência entre cidades metropolitanas e cidades de classe II, estudo de caso de Bhopal e da Escola de Planeamento e Arquitetura de Sehore, Bhopal

• Censo da Índia de 1991, 2001 e 2011

• Regime de desenvolvimento de infra-estruturas urbanas em cidades-satélite (UIDSST), 2005

yes
I want morebooks!

Buy your books fast and straightforward online - at one of world's fastest growing online book stores! Environmentally sound due to Print-on-Demand technologies.

Buy your books online at
www.morebooks.shop

Compre os seus livros mais rápido e diretamente na internet, em uma das livrarias on-line com o maior crescimento no mundo! Produção que protege o meio ambiente através das tecnologias de impressão sob demanda.

Compre os seus livros on-line em
www.morebooks.shop

Printed by Books on Demand GmbH, Norderstedt / Germany